Mi mundo y la ciencia: Nivel 2

MAGNETOS

Christian Lopetz
Traducción de
Sophia Barba-Heredia

Un libro de El Semillero de Crabtree

CRABTREE
Publishing Company
www.crabtreebooks.com

Índice

Magnetos

Un magneto es algo que **atrae** a ciertos tipos de metales.

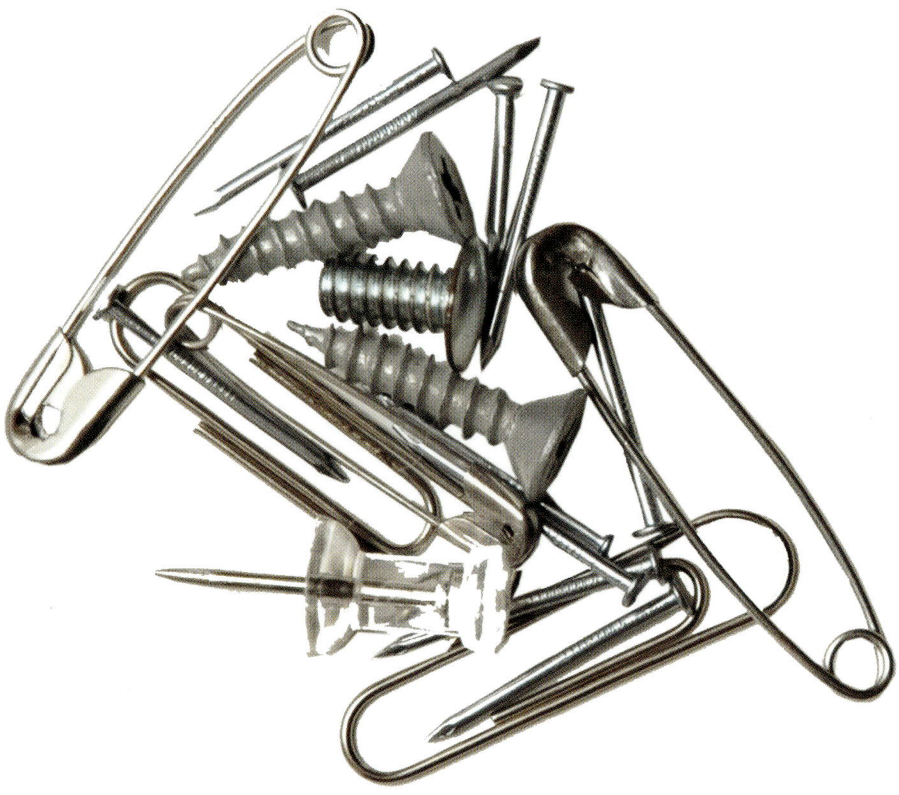

N
S

Cuando un magneto atrae a otro objeto metálico, arrastra al objeto cerca y se pega a él.

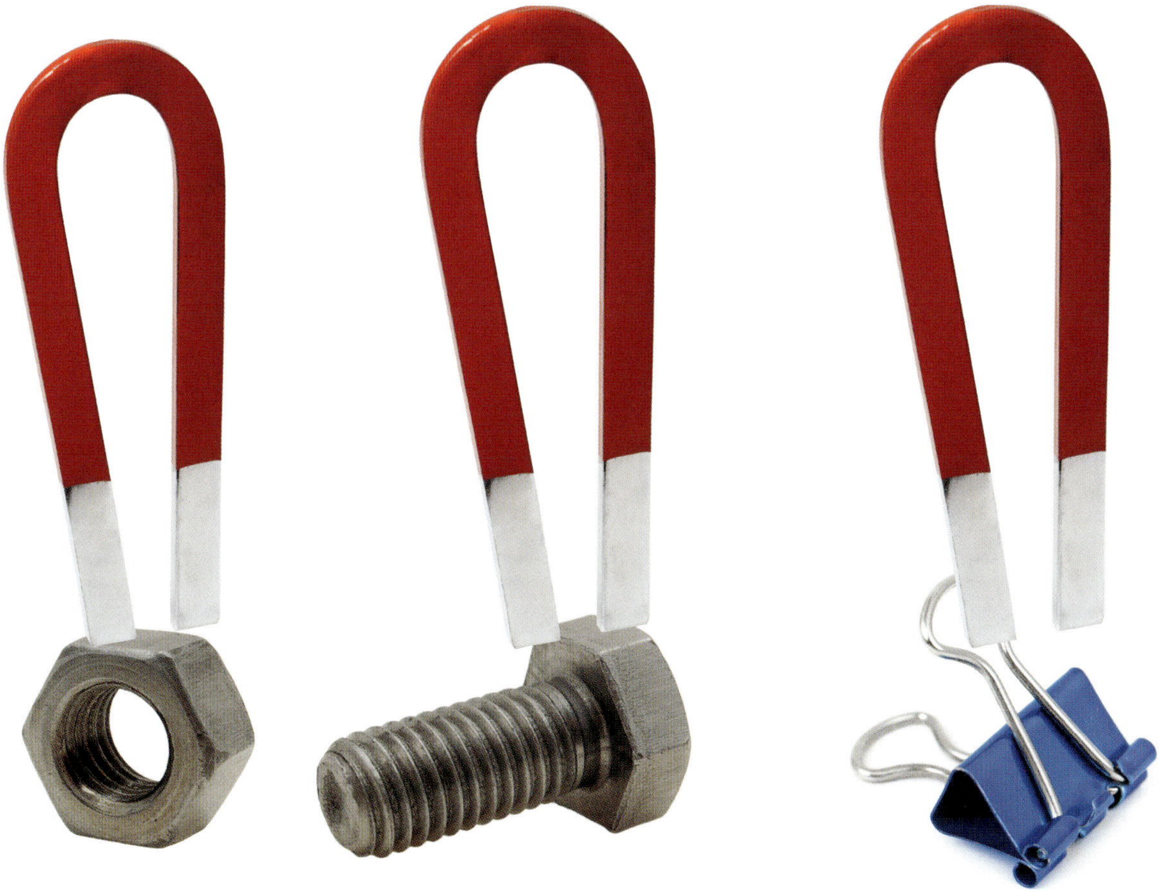

Si un magneto se pega a un objeto metálico, decimos que el objeto es **magnético**.

Los magnetos no se pegan al plástico, al vidrio o a la madera. El plástico, el vidrio y la madera no son magnéticos.

vidrio

madera

Todos los magnetos tienen un **campo magnético**. Esto se refiere al área alrededor del magneto que atrae objetos magnéticos.

No podemos ver el campo magnético.

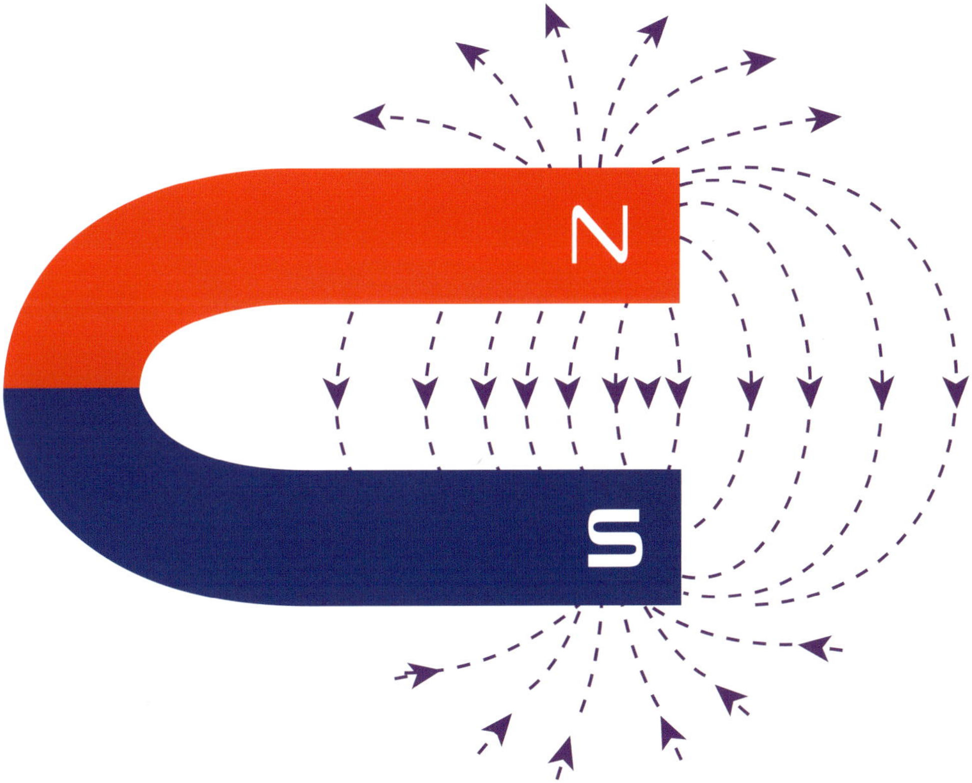

¿Cuáles de estos objetos son magnéticos?

botella de vidrio

tijeras

botella de plástico

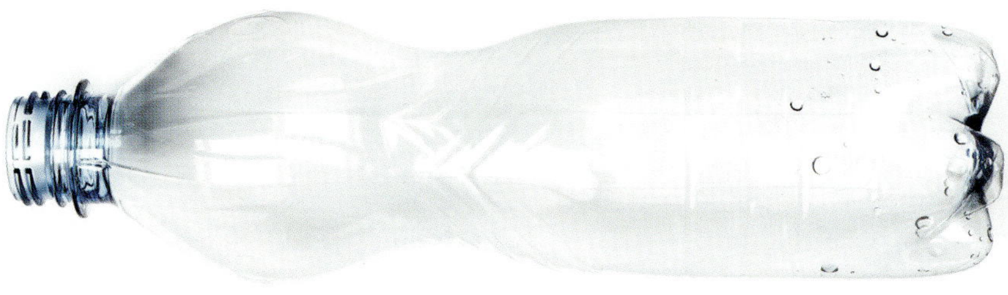

cuchara

tuercas y tornillos

dados

respuesta: cuchara, tijeras, tuercas y tornillo

Los magnetos son de diferentes formas y tamaños. Algunos magnetos tienen la forma de herraduras de caballo.

Otros tienen forma de círculos o barras.

Polos magnéticos

Los magnetos son más fuertes en sus orillas. Estas orillas son llamadas **polo** norte y polo sur.

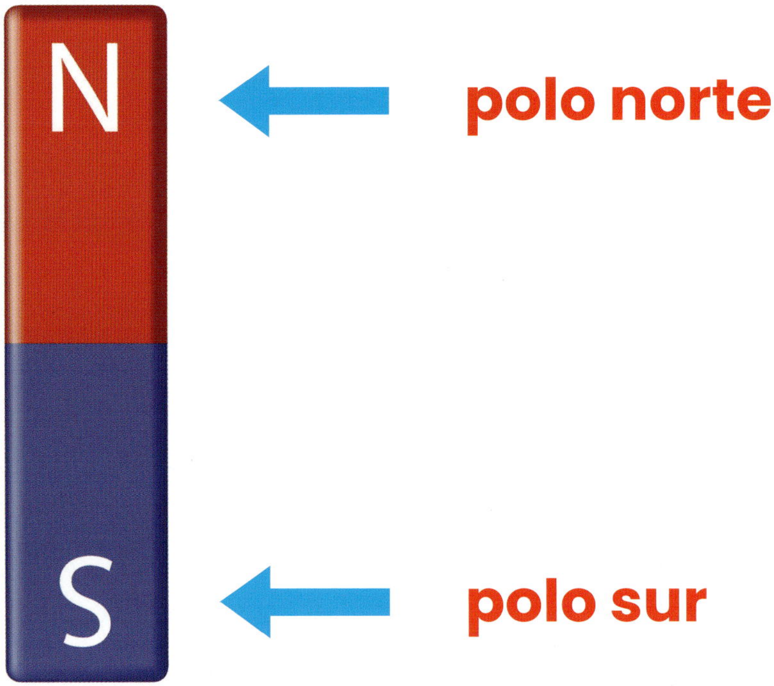

N
S

Los polos **opuestos** se atraen entre sí. ¡Se unen!

Los polos **iguales** se **repelen** entre sí. Se empujan y alejan uno del otro.

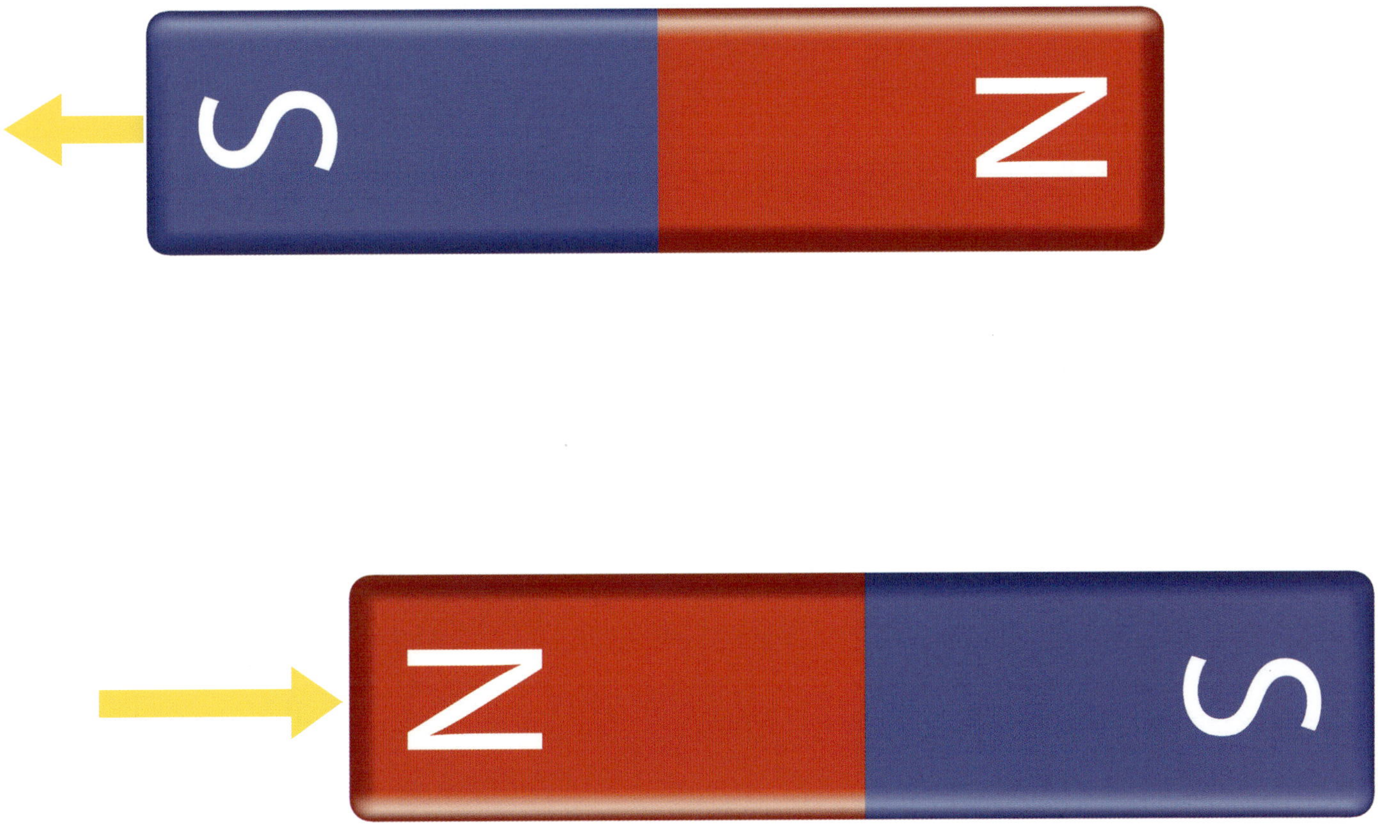
S
N
N
S

La Tierra es magnética. Usando una **brújula** podemos decir en qué dirección está el norte.

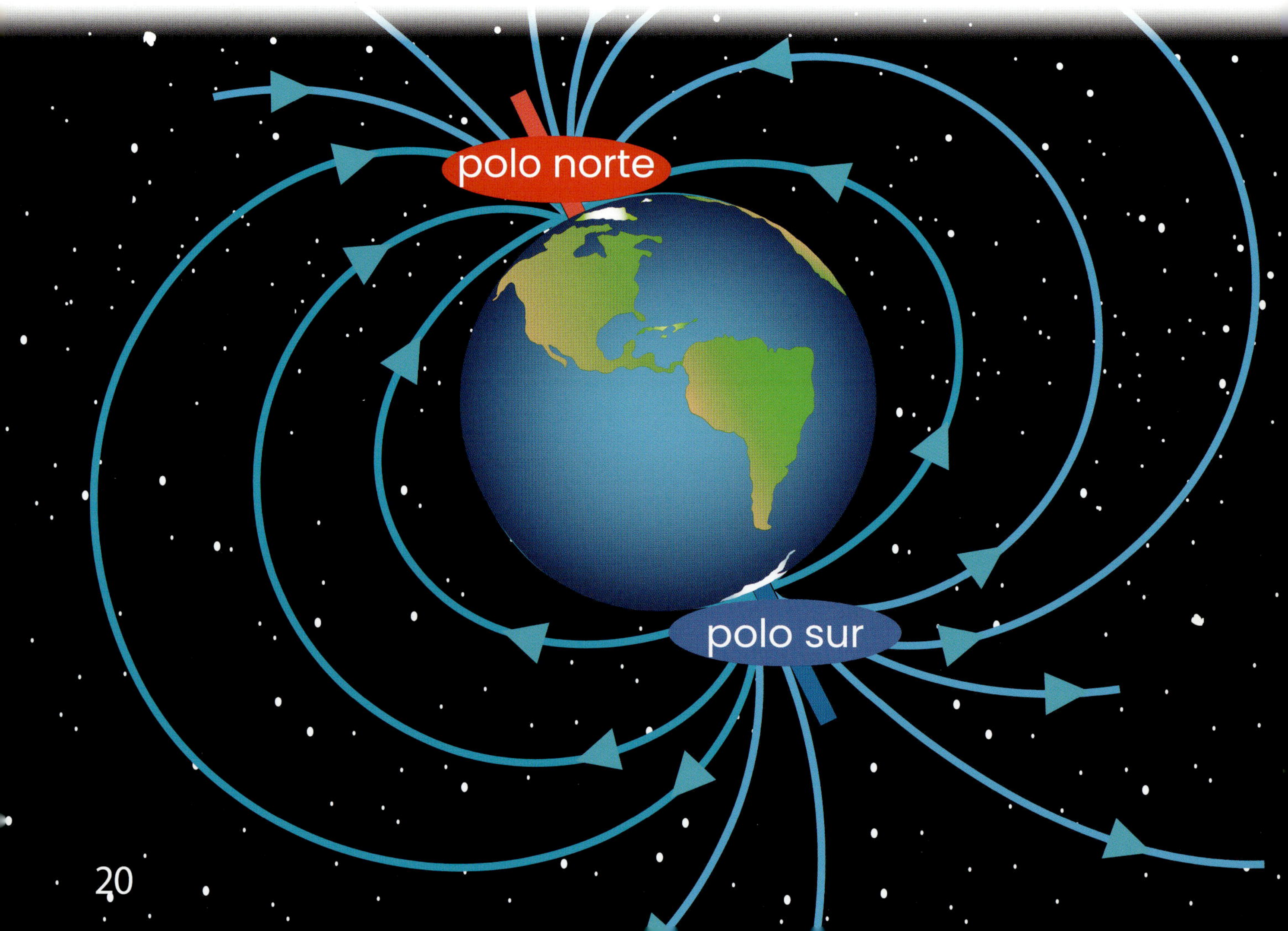

La aguja de una brújula es magnética y siempre apunta al norte.

El polo norte de la Tierra atrae a la aguja.

Poder magnético

Usamos los magnetos para sostener cosas y levantar otras.

¡Algunos magnetos son más fuertes que otros!

Usamos magnetos dentro de muchas máquinas. Hay magnetos dentro de las computadoras y los cepillos de dientes eléctricos.

Los hospitales usan magnetos poderosos para ver nuestros cuerpos por dentro.

Glosario

atrae: Que jala y acerca.

brújula: Una herramienta usada para encontrar direcciones. Tiene una aguja magnética que siempre apunta al norte.

campo magnético: El área alrededor del magneto que atrae ciertos metales.

iguales: Que son lo mismo.

magnético: Atraído por magnetos o campos magnéticos.

opuestos: Completamente diferentes.

polo: La terminación de un magneto y donde su atracción es más fuerte.

repelen: Que empujan lejos.

Índice analítico

Apoyos de la escuela a los hogares para cuidadores y maestros

Este libro ayuda a los niños en su desarrollo al permitirles practicar la lectura. Abajo están algunas preguntas guía para ayudar al lector a fortalecer sus habilidades de comprensión. En rojo hay algunas opciones de respuesta.

Antes de leer:

- **¿De qué pienso que tratará este libro?** *Pienso que este libro es sobre magnetos que pueden ser usados como juguetes. Pienso que el libro es sobre cómo los magnetos nos ayudan en el mundo.*
- **¿Qué quiero aprender sobre este tema?** *Quiero aprender dónde encontrar magnetos. Quiero aprender cosas útiles que los magnetos pueden hacer.*

Durante la lectura:

- **Me pregunto por qué...** *Me pregunto por qué los magnetos tienen un polo norte y un polo sur. Me pregunto por qué la aguja de la brújula siempre apunta hacia el norte.*
- **¿Qué he aprendido hasta ahora?** *Aprendí que los magnetos son más fuertes en sus extremos. Aprendí que la Tierra es magnética.*

Después de leer:

- **¿Qué detalles aprendí de este tema?** *Aprendí que hay magnetos en muchas máquinas, como en los computadores. Aprendí que los hospitales usan magnetos para mirar el interior de nuestro cuerpo.*
- **Lee el libro de nuevo y busca las palabras del glosario.** *Veo la palabra **magnético** en la página 7 y la palabra **brújula** en la página 20. Las demás palabras del vocabulario están en la página 30.*

Library and Archives Canada Cataloguing in Publication
Title: Magnetos / Christian Lopetz ; traducción de Sophia Barba-Heredia.
Other titles: Magnets. Spanish
Names: Lopetz, Christian, author. | Barba-Heredia, Sophia, translator.
Description: Series statement: Mi mundo y la ciencia: Nivel 2 | Translation of: Magnets. | Includes index. | "Un libro de el semillero de Crabtree". | Text in Spanish.
Identifiers: Canadiana (print) 20210261293 | Canadiana (ebook) 20210261307 | ISBN 9781039620742 (hardcover) | ISBN 9781039620810 (softcover) | ISBN 9781039620889 (HTML) | ISBN 9781039620957 (EPUB) | ISBN 9781039621022 (read-along ebook)
Subjects: LCSH: Magnets—Juvenile literature. | LCSH: Magnetism—Juvenile literature.
Classification: LCC QC757.5 .L6618 2022 | DDC j538/.4—dc23

Library of Congress Cataloging-in-Publication Data
Available at the Library of Congress

Crabtree Publishing Company
www.crabtreebooks.com 1-800-387-7650

Published in the United States
Crabtree Publishing
347 Fifth Ave.
Suite 1402-145
New York, NY 10016

Published in Canada
Crabtree Publishing
616 Welland Ave.
St. Catharines, Ontario
L2M 5V6

Written by Christian Lopetz
Translation to Spanish: Sophia Barba-Heredia
Spanish-language layout and proofread: Base Tres
Print coordinator: Katherine Berti
Printed in the U.S.A./092021/CG20210616

Print book version produced jointly with Blue Door Education in 2022

Photo credits: Cover ©shutterstock.com/Marcel Mooij, Page 4/5 ©Blue Door Publishing. Page 2/3 ©shutterstock.com/ New Africa. Page 4/5 ©shutterstock.com/Show all, BlueDoorPublishing. Page 6/7 ©shutterstock.com/Bo Valentino, Rorodaev, knotsmaster, Tatiana Popova, Morgan Lane PhotographyPage 8/9 ©shutterstock.com/Winbjork, By Lipskiy, Nakic, Sandra van der Steen. Page 10/11 ©shutterstock.com/Milan. ©shutterstock.com/Jakinnboaz, Page 12/13 ©shutterstock.com/Matthew Cole, ©shutterstock.com/ Handatko. Page 14/15 ©shutterstock.com/ revers, ©shutterstock.com/ilona.shorokhova. Page 16/17 ©shutterstock.comMatthew Cole. Page 18/19 ©shutterstock.com/Alex Staroseltsev, Yellow Cat. Page 20/21 ©shutterstock.com/Snowbelle, ©shutterstock.com/Casimer. Page 22/23 ©shutterstock.com/John Stebbins, ©shutterstock.com/ Andrey VP. Page 24/25 ©shutterstock.com/Valdecasas, ©shutterstock.com/dvande. Page 26/27 ©shutterstock.com/John Stebbins, ©shutterstock.com/Chinnapong. Page 28/29 ©shutterstock.com/ KaliAntye. ©shutterstock.com/Roman Zaiets